DISSERTATION PHYSIQUE.

DISSERTATION
PHYSIQUE
A L'OCCASION
DU
NEGRE BLANC.

. . . . *Quæ legat ipsa Lycoris.*
Virg. Eglog. X.

A LEYDE,

M. DCC. XLIV.

(8)

PRÉFACE.

JE ne croyois rien moins que faire un Livre, lorſque j'ai commencé l'Ouvrage ſuivant. Je m'étois trouvé la veille dans une maiſon où l'on avoit apporté le Negre blanc qui eſt actuellement à Paris. On nous aſſura que cet Enfant étoit né de parens très-noirs; & chacun raiſonna à perte de vuë ſur ce prodige. Une perſonne de la compagnie, à qui je ne puis rien refuſer, voulut que je miſſe ſur cela mes penſées par écrit.

écrit. Elles ſe ſont multipliées juſqu'à faire un volume aſſez gros, & dans lequel on trouvera peut-être, que je n'ai pas encore entierement expliqué le fait dont il étoit queſtion.

La même perſonne pour qui j'avois écrit, éxigea encore de moi une choſe plus difficile, ou du moins plus dangereuſe : ce fut de donner l'Ouvrage à l'Imprimeur. J'y ai conſenti ; je n'avois pas aſſez d'amour propre pour le refuſer. La ſeule foibleſſe que j'ai euë, ç'a été de n'oſer y mettre mon nom. Et en effet, il me ſemble qu'il y auroit

auroit eu de la témérité à m'en declarer l'Auteur ; dans un temps où on veut nous interdire toute opération de l'Esprit, & où un puissant Parti entreprend de démontrer que nous ne sçavons écrire, ni ne devons le sçavoir. J'avois à craindre d'en fournir une nouvelle preuve.

Cependant l'esprit de Parti, ne m'a point empêché de faire usage des observations que j'ai trouvées dans les bons Auteurs quels qu'ils fussent. Lorsqu'elles étoient écrites en Latin, un jeune Docteur en Médecine

qui

qui m'a fait promettre que je ne le nommerois jamais, me les a bien voulu traduire.

J'aurois gagné à tous égards à rester inconnu : s'il ne m'eût fallu par-là renoncer à la satisfaction de dédier cet Ouvrage à un homme illustre à qui je dois tout. Ce seroit le nommer que de parler de la supériorité de son mérite, & de la place qu'il occupe : mais ce n'est pas se faire connoître, que de parler des obligations qu'on lui a : C'est rester confondu dans la foule.

TABLE
DES CHAPITRES.

CHAP.

TABLE DES CHAPITRES.

DISSERTATION

DISSERTATION
PHYSIQUE
A L'OCCASION
DU
NEGRE BLANC.

CHAPITRE PREMIER.

Exposition de cet Ouvrage.

NOUS n'avons reçu que depuis très-peu de temps, une vie que nous allons perdre. Placés entre deux instants, dont l'un nous a vu naî-

naître, l'autre nous va voir mourir, nous tâchons envain d'étendre notre être au delà de ces deux termes; nous ſerions plus ſages, ſi nous ne nous appliquions qu'à en bien remplir l'intervale.

Ne pouvant rendre plus long le temps de notre vie, l'amour propre & la curioſité veulent y ſuppléer, en nous appropriant les temps qui viendront lorſque nous ne ſerons plus, & ceux qui s'écouloient, lorſque nous n'étions pas encore. Vain eſpoir! auquel ſe joint une nouvelle illuſion; nous nous imaginons que l'un de ces temps nous appartient plus que l'autre. Peu curieux ſur le paſſé, nous interrogeons avec avidité ceux qui nous promettent de nous apprendre quelque choſe de l'avenir.

Les

Les hommes se sont plus facilement persuadés qu'après leur mort ils devoient comparoître au Tribunal d'un Rhadamante, qu'ils ne croiroient qu'avant leur naissance, ils auroient combattu contre Menelas au siége de Troyes.

Cependant l'obscurité est la même sur l'avenir & sur le passé : & si l'on regarde les choses avec une tranquillité philosophique, l'intérêt devroit être le même aussi : Il est aussi peu raisonnable d'être fâché de mourir trop tôt, qu'il seroit ridicule de se plaindre d'être né trop tard.

Sans les lumieres de la Religion, par rapport à notre être, ce temps où nous n'avons pas vécu & celui où nous ne vivrons plus, sont deux abysmes impénétrables, & dont les plus grands Philoſophes n'ont pas plus percé les ténébres, que le Peuple le plus groſſier.

Ce n'eſt donc point en Métaphyſicien que je veux toucher à ces queſtions : ce n'eſt qu'en Anatomiſte. Je laiſſe à des eſprits plus ſublimes à vous dire, s'ils peuvent, ce que c'eſt que votre ame ; quand & comment elle eſt venuë vous éclairer. Je tâcherai ſeulement de vous faire connoître l'origine de votre corps, & les différens états par leſquels vous avez paſſé, avant que d'être dans l'état où vous êtes. Ne vous fâchez pas ſi je vous dis que vous avez été un ver, ou un œuf, ou une eſpece de bouë. Mais ne croyez pas non plus tout perdu, lorſque

que vous perdrez cette forme que vous avez maintenant ; & que ce corps qui charme tout le monde, ſera réduit en pouſſiere.

Neuf mois après qu'une femme s'eſt livrée au plaiſir qui perpetuë le genre humain, elle met au jour une petite créature qui ne differe de l'homme que par la différente proportion & la foibleſſe de ſes parties. Dans les femmes mortes avant ce terme, on trouve l'enfant envelopé d'une double membrane, attaché par un cordon au ventre de la mere.

Plus le temps auquel l'enfant devoit naître eſt éloigné, plus ſa grandeur & ſa figure s'écartent de celle de l'homme. Sept ou huit mois avant, on découvre dans l'Embryon la figure humaine : & les meres attentives ſentent

ſentent qu'il a déja quelque mouvement.

Auparavant, ce n'eſt qu'une matiere informe. La jeune épouſe y fait trouver à un vieux mari des marques de ſa tendreſſe, & découvrir un héritier dont un accident fatal l'a privé : les parens d'une fille n'y voient qu'un amas de ſang & de limphe qui cauſoit l'état de langueur où elle étoit depuis quelque-temps.

Eſt-ce là le premier terme de notre origine ? Notre exiſtence, après même que tout ce qu'il faut pour nous faire exiſter eſt fait, dépendra-t-elle encore de l'intérêt, ou d'une vuë plus ou moins perçante ? Comment cet enfant qui ſe trouve dans le ſein de ſa mere, s'y eſt-il formé ? D'où eſt-il venu ? Eſt-ce là un myſtere

ſtere impénétrable, ou les obſervations des Phyſiciens y peuvent-elles répandre quelque lumiere?

Je vais vous expliquer les différens ſyſtêmes qui ont partagé les Philoſophes ſur la maniere dont ſe fait la génération. Je ne dirai rien qui puiſſe allarmer la pudeur; mais il ne faut pas que des préjugés ridicules répandent un air d'indécence ſur un ſujet qui n'en comporte aucune par lui-même. La ſéduction, le parjure, la jalouſie, ou la ſuperſtition ne doivent pas deshonorer l'action la plus importante de l'humanité, ſi quelquefois elles la précedent ou la ſuivent.

L'homme ſent une inquiétude & une mélancolie qui lui rendent tout inſipide, juſqu'au moment où il trouve

trouve la perſonne qui doit faire ſon bonheur. Toutes ſes penſées, tous ſes deſirs s'y arrêtent : il eſt heureux pourvu qu'il y penſe, bien plus heureux lorſqu'il la voit & qu'il l'entend. Mais tout cela ne fait encore qu'irriter ſes deſirs : il faut qu'il voie dans celle qui l'a charmé, la même ardeur qu'il éprouve, & qu'un amour mutuel les uniſſe. Leurs yeux ſe troublent, leurs voix ne forment plus que des ſoupirs : elle ſe rend ; & l'Amant heureux parcourt avec rapidité toutes les beautés qui l'ont ébloui. Il eſt déja parvenu à l'endroit le plus délicieux. La réſiſtance qu'il y trouve ne fait que redoubler ſon ardeur ; le ſang & les larmes augmentent ſes plaiſirs. Ah malheureux ! qu'un couteau mortel a privé de la connoiſſance de cet état. Le ciſeau qui eût tranché le fil de vos jours, vous eût été moins funeſte. En vain vous habitez de vaſtes Palais ; vous vous promenez dans des jardins délicieux : vous poſſedez toutes les richeſſes de l'Aſie : le dernier de vos eſclaves qui peut goûter ces plaiſirs, eſt plus heureux que vous. Mais vous que la cruelle avarice de vos parens a ſacrifiés au luxe des Rois, triſtes ombres qui n'êtes plus que des voix, gémiſſez, pleurez vos malheurs, mais ne chantez jamais l'amour.

C'eſt cet inſtant marqué par tant de délices, qui donne l'être à une nouvelle créature, qui pourra comprendre les choſes les plus ſublimes : & ce qui eſt bien au-deſſus, qui pourra goûter les mêmes plaiſirs.

Mais comment expliquerai-je cette formation ? Comment décrirai-je ces lieux qui ſont la premiere demeure de l'homme ? Comment ce ſéjour enchanté va-t-il être changé dans une obſcure priſon habitée par un Embryon informe & inſenſible ? Comment la cauſe de tant de plaiſirs, comment l'origine d'un Etre ſi parfait, n'eſt-elle que de la chair & du ſang ? *(a)*

Ne terniſſons pas ces objets par des images dégoutantes : qu'ils demeurent couverts du voile qui les cache ! Qu'il ne ſoit permis d'en déchirer que la membrane de l'hi-

(*a*) Miſeret atque etiam pudet æſtimantem quàm ſit frivola animalium ſuperbiſſimi origo ! *C. Plin. nat. hiſt. Lib. VII. cap.* 7.

men.

men. Que la biche vienne ici à la place d'Iphigénie. Que les femelles des animaux ſoient déſormais les objets de nos recherches ſur la génération. Cherchons dans leurs entrailles ce que nous pourrons découvrir de ce myſtere ; & s'il eſt néceſſaire, parcourons juſqu'aux oiſeaux, aux poiſſons & aux inſectes.

CHAPITRE II.

Syſtême des Anciens ſur la Génération.

AU fond d'un canal que les Anatomiſtes appellent *vagin*, du mot latin qui ſignifie guaine, on trouve la matrice : c'eſt une eſpece de bourſe fermée au fond, mais qui préſente au vagin une petite ouverture qui peut s'ouvrir & ſe fermer, & qui reſſemble aſſez au bec d'une tanche, dont quelques Anatomiſtes lui ont donné le nom. Le fond de la bourſe eſt tapiſſé d'une membrane qui forme pluſieurs rides qui lui permettent de s'étendre à meſure que le fœtus s'accroît, & qui eſt parſemée de petits trous, par leſquels vraiſemblablement ſort cette liqueur que la femelle répand dans l'accouplement.

Les Anciens croyoient que le fœtus étoit formé du mêlange des liqueurs que chacun des ſexes répand. La liqueur ſéminale du mâle, dardée juſques dans la matrice, s'y mêloit avec la liqueur ſéminale de la femelle : & après ce mê-

mêlange les Anciens ne trouvoient plus de difficulté à comprendre comment il en résultoit un animal. Tout étoit operé par une *Faculté génératrice.*

Ariſtote , comme on peut le croire , ne fut pas plus embarraſſé que les autres ſur la génération ; il differa d'eux ſeulement en ce qu'il crut que le principe de la génération ne réſidoit que dans la liqueur que le mâle répand , & que celle que répand la femelle , ne ſervoit qu'à la nutrition & à l'accroiſſement du fœtus. La derniere de ces liqueurs , pour s'expliquer en ſes termes , fournissoit la matiere, & l'autre la forme. (*a*)

(*a*) Ariſtot. de generat. animal. *Lib. II. Cap. IV.*

CHAPITRE III.

Syſtême des Oeufs contenant le Fœtus.

PEndant une longue ſuite de ſiécles, ce ſyſtême ſatisfit les Philoſophes. Car malgré quelques diverſités ſur ce que les uns prétendoient qu'une ſeule des deux liqueurs étoit la véritable matiere prolifique, & que l'autre ne ſervoit que pour la nourriture du Fœtus, tous s'arrêtoient à ces deux liqueurs, & attribuoient à leur mêlange, le grand ouvrage de la génération.

De nouvelles recherches dans l'Anatomie firent découvrir autour de la matrice, deux corps blanchâtres formés de pluſieurs véſicules rondes

rondes, remplies d'une liqueur semblable à du blanc d'œuf. L'Analogie aussi-tôt s'en empara ; on regarda ces corps comme faisant ici le même office que les ovaires dans les oiseaux, & les vésicules qu'ils contenoient, comme de véritables œufs. Mais les ovaires étant placés au dehors de la matrice, comment les œufs, quand même ils en seroient détachés, pouvoient-ils être portés dans sa cavité ; dans laquelle, si l'on ne veut pas que le fœtus se forme, il est du moins certain qu'il prend son accroissement. Fallope apperçut deux tuyaux, dont les extrémités flottantes dans le ventre, se terminent par des especes de franges qui peuvent s'approcher de l'ovaire, l'embrasser, recevoir l'œuf, & le conduire

conduire dans la matrice où ces tuyaux ont leur embouchure.

Dans ce temps, la Physique renaissoit, ou plutôt prenoit un nouveau tour. On vouloit tout comprendre ; & l'on croyoit le pouvoir. La formation du fœtus par le mêlange de deux liqueurs, ne satisfaisoit plus les Physiciens. Des exemples de dévelopemens que la nature offre par tout à nos yeux, firent penser que les fœtus étoient peut-être contenus, & déja tout formés dans chacun des œufs ; & que ce qu'on prennoit pour une nouvelle production, n'étoit que le dévelopement de leurs parties renduës sensibles par l'accroissement. Toute la fécondité retomboit sur les femelles. Les œufs destinés à produire des mâles, ne contenoient chacun

chacun qu'un ſeul mâle. L'œuf d'où devoit ſortir une femelle, contenoit non-ſeulement cette femelle, mais la contenoit avec ſes ovaires dans leſquelles d'autres femelles contenuës, & déja toutes formées étoient la ſource de génération à l'infini. Car toutes les femelles contenuës ainſi les unes dans les autres & de grandeurs toujours diminuantes dans le rapport de la premiere à ſon œuf, n'allarment que l'imagination. La matiere diviſible à l'infini, forme auſſi diſtinctement dans ſon œuf le fœtus qui naîtra dans mille ans, que celui qui doit naître dans neuf mois. Sa petiteſſe qui le cache à nos yeux, ne le dérobe point aux loix ſuivant leſquelles le chêne qu'on voit dans le gland, ſe dévelope &

C cou-

couvre la terre de ſes branches.

Cependant quoique tous les hommes ſoient déja formés dans les œufs de mere en mere, ils y ſont ſans vie. Ce ne ſont que de petites ſtatuës renfermées les unes dans les autres, comme ces ouvrages du Tour, où l'ouvrier s'eſt plu à faire admirer l'adreſſe de ſon ciſeau, en formant cent boëtes qui ſe contenant les unes les autres, ſont toutes contenuës dans la derniere. Il faut, pour faire, de ces petites ſtatuës, des hommes, quelque matiere nouvelle, quelqu'eſprit ſubtil, qui s'inſinuant dans leurs membres, leur donne le mouvement, la vegetation & la vie. Cet eſprit ſéminal eſt fourni par le mâle, & eſt contenu dans cette liqueur qu'il répand avec tant de plaiſir. N'eſt-ce pas ce feu que les

les Poëtes ont feint que Promethée avoit volé du ciel pour donner l'ame à des hommes qui n'étoient auparavant que des Automates ? & les Dieux ne devoient-ils pas être jaloux de ce larcin ?

CHAPITRE IV.

Fécondation des Oeufs.

POur expliquer maintenant comment cette liqueur dardée dans le vagin, va féconder l'œuf : l'idée la plus commune, & celle qui se présente d'abord, est qu'elle entre jusques dans la matrice dont la bouche alors s'ouvre pour la recevoir; que de la matrice, une partie, du moins ce qu'il y a de plus spiritueux, s'élevant dans les tuyaux des trompes, eſt portée juſqu'aux ovaires que chaque trompe embraſſe alors, & pénétre l'œuf qu'elle doit féconder.

Cette opinion quoiqu'aſſez vraiſemblable, eſt cependant ſujette à pluſieurs difficultés.

La liqueur verſée dans le vagin, loin de paroître deſtinée à pénétrer plus avant, en retombe auſſi-tôt, comme tout le monde ſçait.

On raconte pluſieurs hiſtoires de filles devenuës enceintes ſans l'introduction même de ce qui doit verſer la ſemence du mâle dans le vagin, pour avoir ſeulement laiſſé répandre cette liqueur ſur ſes bords : On peut révoquer en doute ces faits que la vuë du Phyſicien ne peut guéres conſtater, & ſur leſquels il faudroit en

croire

croire les femmes toujours peu sinceres sur cet article.

Mais il semble qu'il y ait des preuves plus fortes, qu'il n'est pas nécessaire que la semence du mâle entre dans la matrice pour rendre la femme féconde. Dans les matrices de femelles de plusieurs animaux dissequées après l'accouplement, on n'a point trouvé de cette liqueur.

On ne sçauroit cependant nier qu'elle n'y entre quelquefois. Un fameux Anatomiste * en a trouvé en abondance dans la matrice d'une Genisse qui venoit de recevoir le Taureau. Et quoiqu'il y ait peu de ces exemples, un seul cas où l'on a trouvé la semence dans la matrice, prouve mieux qu'elle y entre, que

* VERHEYEN.

la multitude des cas où l'on n'y en a point trouvé, ne prouve qu'elle n'y entre point.

Ceux qui prétendent que la semence n'entre pas dans la matrice, croient que versée dans le vagin, ou seulement répanduë sur ses bords, elle s'insinuë dans les vaisseaux dont les petites bouches la reçoivent & la répandent dans les veines de la femelle. Elle est bientôt mêlée dans toute la masse du sang; elle y excite tous les ravages qui tourmentent les femmes nouvellement enceintes. Mais enfin la circulation du sang la porte jusqu'à l'ovaire, & l'œuf n'est rendu fécond qu'après que tout le sang de la femelle a été, pour ainsi dire, fécondé.

CHAPITRE V.

Comment l'Oeuf eſt porté dans la Matrice.

DE quelque maniere que l'œuf ſoit fécondé ; ſoit que la ſemence du mâle , portée immédiatement juſqu'à lui , le pénetre ; ſoit que délayée dans la maſſe du ſang , elle n'y parvienne que par les routes de la circulation. Cette ſemence , ou cet eſprit ſéminal mettant en mouvement les parties du petit fœtus qui ſont déja toutes formées dans l'œuf ; les diſpoſe à ſe déveloper. L'œuf juſques-là fixement attaché à l'ovaire , s'en détache ; il tombe dans la cavité de la trompe , dont l'extrémité

ap-

appellée le pavillon, embrasse alors l'ovaire pour le recevoir. L'œuf parcourt, soit par sa seule pesanteur, soit plus vraisemblablement par quelque mouvement peristaltique de la trompe, toute la longueur du canal qui le conduit enfin dans la matrice. Semblable aux graines des plantes ou des arbres, lorsqu'elles sont reçuës dans une terre propre à les faire végéter; l'œuf pousse des racines qui pénétrant jusques dans la substance de la matrice, forment une masse qui lui est intimement attachée, appellée le *Placenta*. Au-dessus, elles ne forment plus qu'un long cordon, qui allant aboutir au nombril du fœtus, lui porte les sucs destinés à son accroissement. Il vit ainsi du sang de sa mere, jusqu'à ce que n'ayant plus besoin de cette communication, les vaisseaux qui attachent le placenta à la matrice se dessèchent, s'obliterent, & s'en séparent.

L'enfant alors plus fort & prêt à paroître au jour, déchire la double membrane dans laquelle il étoit envelopé, comme on voit le poulet parvenu au terme de sa naissance, briser la coquille de l'œuf qui le tenoit renfermé. Qu'une espece de dureté qui est dans la coquille des œufs des oiseaux, n'empêche pas de comparer à leurs œufs, l'enfant renfermé dans son envelope. Les œufs de plusieurs animaux, des Tortuës, des Serpens, des Lezards, & des Poissons n'ont point cette dureté, & ne sont recouverts que d'une envelope molaſſe & fléxible.

Quelques animaux confirment cette analogie, & raprochent encore la génération des animaux qu'on appelle *Vivipares* de celle des *Ovipares*. On trouve dans le corps de leur femelle, en même temps des œufs inconteſtables, & des petits déja débarraſſés de leur envelope *. Les œufs de pluſieurs animaux n'ecloſent que longtems après qu'ils ſont ſortis du corps de la femelle. Les œufs de pluſieurs autres écloſent auparavant. La nature ne ſemble-t-elle pas annoncer par-là qu'il y a des eſpéces où l'œuf n'éclôt qu'en ſortant du corps de la mere. Mais que toutes ces générations reviennent au même.

* Mém, de l'Acad. des Scienc. ann. 1727. p. 32.

CHAP.

CHAPITRE VI.

Découverte des Animaux dans la liqueur séminale.

LEs Physiciens & les Anatomistes qui en fait de sistême, sont toujours faciles à contenter, étoient contens de celui-ci : ils croyoient, comme s'ils l'avoient vu, le petit fœtus formé dans l'œuf de la femelle, avant aucune opération du mâle : mais ce que l'imagination voyoit ainsi dans l'œuf, les yeux l'apperçurent ailleurs. Un jeune Physicien * s'avisa d'examiner au microscope, cette liqueur qui n'est pas d'ordinaire l'objet des yeux attentifs

* HARTSOEKER.

tentifs & tranquilles. Mais quel ſpectacle merveilleux, lorſqu'il y découvrit des animaux vivans ! une goutte étoit un ocean où nageoit une multitude innombrable de petits poiſſons dans mille directions différentes.

Il mit au même microſcope des liqueurs ſemblables ſorties de différens animaux, & toujours même merveille : foulle d'animaux vivans de figures ſeulement différentes. On chercha dans le ſang & dans toutes les autres liqueurs du corps, quelque choſe de ſemblable, mais on n'y découvrit rien ; quelle que fût la force du microſcope ; toujours des mers déſertes dans leſquelles on n'apercevoit pas le moindre ſigne de vie.

On

On ne put gueres s'empêcher de penſer que ces animaux découverts dans la liqueur ſéminale du mâle, étoient ceux qui devoient un jour le reproduire ; car malgré leur petiteſſe infinie & leur forme de poiſſons, le changement de grandeur & de figure coute peu à concevoir au Phyſicien, & ne coute pas plus à exécuter à la nature. Mille exemples de l'un & de l'autre, ſont ſous nos yeux, d'animaux dont le dernier accroiſſement ne ſemble avoir aucune proportion avec leur état au temps de leur naiſſance, & dont les figures ſe perdent totalement dans des figures nouvelles. Qui pourroit reconnoître le même animal, ſi l'on n'avoit ſuivi bien attentivement le petit

ver,

ver, & le hanneton ſous la forme duquel il paroît enſuite. Et qui croiroit que la plûpart de ces mouches parées des plus ſuperbes couleurs, euſſent été auparavant de petits inſectes rampans dans la boue, ou nageant dans les eaux ?

Voilà donc toute la fécondité qui avoit été attribuée aux femelles, renduë aux mâles. Ce petit ver qui nage dans la liqueur ſéminale, contient une infinité de générations de pere en pere. Il a ſa liqueur ſéminale dans laquelle nagent des animaux d'autant plus petits que lui, qu'il eſt plus petit que le pere dont il eſt ſorti : & il en eſt ainſi de chacun de ceux-là à l'infini. Mais quel prodige ſi l'on conſidere le nombre & la petiteſſe de ces animaux

animaux ! un homme qui a ébauché ſur cela un calcul, trouve dans la liqueur ſéminale d'un brochet, dès la premiere génération, plus de brochets qu'il n'y auroit d'hommes ſur la terre, quand elle ſeroit par-tout auſſi habitée que la Hollande.

Mais ſi l'on conſidere les générations ſuivantes, quel abyſme de nombre & de petiteſſe. D'une génération à l'autre, les corps de ces animaux diminuent dans la proportion de la grandeur d'un homme à celle de cet atome qu'on ne découvre qu'au meilleur microſcope ; leur nombre augmente dans la proportion de l'unité, au nombre prodigieux d'animaux répandus dans cette liqueur.

Richeſſe

Richeſſe immenſe, fécondité ſans bornes de la nature ! n'êtes-vous pas ici une prodigalité ? Et ne peut-on pas vous reprocher trop d'appareil & de dépenſe ? De cette multitude prodigieuſe de petits animaux qui nagent dans la liqueur ſéminale, un ſeul parvient à l'humanité ? Rarement la femme la mieux enceinte met deux enfans au jour, preſque jamais trois. Et quoique les femelles des autres animaux, en portent un plus grand nombre, ce nombre n'eſt preſque rien en comparaiſon de la multitude des animaux qui nageoient dans la liqueur que le mâle a répanduë. Quelle deſtruction, quelle inutilité paroît ici !

Sans diſcuter lequel fait le plus

d'honneur

d'honneur à la nature, d'une œconomie précise, ou d'une profusion superfluë ; question qui demanderoit qu'on connût mieux ses vuës, ou plutôt les vuës de celui qui la gouverne ; nous avons sous nos yeux des exemples d'une pareille conduite, dans la production des arbres & des plantes. Combien de milliers de glands tombent d'un chêne, se dessèchent ou pourrissent, pour un très-petit nombre qui germera & produira un arbre ? Mais ne voit-on pas par-là même, que ce grand nombre de glands n'étoit pas inutile ; puisque si celui qui a germé n'y eût pas été, il n'y auroit eu aucune production nouvelle, aucune génération.

C'est sur cette multitude d'animaux ſuperflus, qu'un Phyſicien chaſte & religieux * a fait un grand nombre d'expériences, dont aucune à ce qu'il nous aſſure, n'a jamais été faite aux dépens de ſa famille. Ces animaux ont une queuë, & ſont d'une figure aſſez ſemblable à celle qu'a la grenouille en naiſſant, lorſqu'elle eſt encore ſous la forme de ce petit poiſſon noir appellé Teſtard dont les eaux fourmillent au printemps. On les voit d'abord dans un grand mouvement : mais il ſe rallentit bientôt ; & la liqueur dans laquelle ils nagent, ſe réfroidiſſant, ou s'évaporant, ils périſſent. Il en périt bien d'autres dans les lieux mêmes où ils ſont dépoſés. Ils ſe perdent dans ces labyrinthes.

* Lewenhoek.

Mais

Mais celui qui eſt deſtiné à devenir un homme, quelle route prend-il ? Comment ſe métamorphoſe-t-il en fœtus ?

CHAPITRE VII.

Syſtème des Animaux ſpermatiques.

QUelques lieux imperceptibles de la membrane intérieure de la matrice, ſeront les ſeuls propres à recevoir le petit animal ; & à lui procurer les ſucs néceſſaires pour ſon accroiſſement. Ces lieux dans la matrice de la femme ſeront plus rares que dans les matrices des animaux qui portent pluſieurs petits. Le ſeul animal ou les ſeuls animaux ſpermatiques qui rencontreront quelqu'un de ces lieux ; s'y fixeront, s'y attacheront, par des filets qui formeront le *placenta*, & qui l'unissant au corps de la mere, lui portent la nourriture dont il a besoin. Les autres périront comme les grains semés dans une terre aride. Car la matrice est d'une étenduë immense pour ces animalcules. Plusieurs milliers périssent sans pouvoir trouver aucun de ces lieux ou de ces petites fosses destinées à les recevoir.

La membrane dans laquelle le fœtus se trouve, sera semblable à une de ces envelopes qui tiennent différentes sortes d'insectes sous la forme de *Chrysalides*, dans le passage d'une forme à une autre.

Pour comprendre les changemens

mens qui peuvent arriver au petit animal renfermé dans la matrice ; nous pouvons le comparer à d'autres animaux qui éprouvent d'auſſi grands changemens, & dont ces changemens ſe paſſent ſous nos yeux. Si ces métamorphoſes méritent encore notre admiration, elles ne doivent plus du moins nous cauſer de ſurpriſe.

CHAPITRE VIII.

Métamorphoſes des Animaux.

LE Papillon & pluſieurs eſpéces d'animaux pareils, ſont d'abord une eſpéce de ver : l'un vit des feuilles des plantes, l'autre caché ſous terre, en ronge les racines. Après qu'il qu'il eſt parvenu à un certain accroiſſement ſous cette forme, il en prend une nouvelle ; il paroît ſous une enveloppe qui reſſerrant & cachant les différentes parties de ſon corps, le tient dans un état ſi peu ſemblable à celui d'un animal, que ceux qui élevent des vers à ſoie , l'appellent *Feve* ; les naturaliſtes l'appellent *Chryſalide* à cauſe de quelques taches dorées dont il eſt quelquefois parſemé. Il eſt alors dans une immobilité parfaite ; dans une létargie profonde qui tient toutes les fonctions de ſa vie ſuſpenduës. Mais dès que le terme où il doit revivre , eſt venu , il déchire la membrane qui le tenoit envelopé ; il étend ſes membres , déploie ſes aîles , & fait voir un papillon ou quel-

quelqu'autre animal ſemblable.

Quelques-uns de ces animaux, ceux qui ſont ſi redoutables aux jeunes beautés qui ſe promenent dans les bois, & ceux qu'on voit voltiger ſur le bord des ruiſſeaux avec de longues aîles, ont été auparavant de petits poiſſons; ils ont paſſé la premiere partie de leur vie dans les eaux; & ils n'en ſortent que lorſqu'ils ſont parvenus à leur derniere forme.

Toutes ces formes que quelques Phyſiciens malhabiles, ont priſes pour de véritables métamorphoſes, ne ſont cependant que des changemens de peau. Le papillon étoit tout formé, & tel qu'on le voit voler dans nos jardins, ſous le déguiſement de la chenille.

Peut-

Peut-on comparer le petit animal qui nage dans la liqueur séminale, à la chenille, ou au ver? Le fœtus dans le ventre de la mere, envelopé de sa double membrane, est-il une espéce de chrysalide? Et en sort-il, comme l'insecte, pour paroître sous sa derniere forme?

Depuis la chenille jusqu'au papillon : depuis le ver spermatique jusqu'à l'homme; il semble qu'il y ait quelqu'analogie. Mais le premier état du papillon n'étoit pas celui de chenille; la chenille étoit déja sortie d'un œuf, & cet œuf n'étoit peut-être déja lui-même qu'une espéce de chrysalide. Si l'on vouloit donc pousser cette analogie en remontant, il faudroit que le petit animal spermatique fût déja sorti d'un d'un œuf ; mais quel œuf ? De quelle petiteſſe devroit-il être ? Quoi qu'il en ſoit, ce n'eſt ni le grand ni le petit qui doit ici cauſer de l'embarras.

CHAPITRE IX.

Syſtême mixte des Oeufs, & des Animaux ſpermatiques.

LA plûpart des Anatomiſtes ont embraſſé un autre ſyſtême, qui tient des deux ſyſtêmes précédens ; & qui allie les animaux ſpermatiques avec les œufs. Voici comment ils expliquent la choſe.

Tout le principe de vie réſidant dans le petit animal ; l'homme entier y étant contenu ; l'œuf est encore nécessaire. C'est une masse de matiere propre à lui fournir sa nourriture & son accroissement. Dans cette foule d'animaux déposés dans le vagin, ou lancés d'abord dans la matrice; un plus heureux, ou plus à plaindre que les autres, nageant, rampant dans les fluides dont toutes ces parties sont mouillées, parvient à l'embouchure de la trompe, qui le conduit jusqu'à l'ovaire. Là, trouvant un œuf propre à le recevoir, & à le nourrir; il le perce, il s'y loge; & y reçoit les premiers degrés de son accroissement. C'est ainsi qu'on voit différentes sortes d'insectes, s'insinuer dans les fruits dont ils se nourrissent. L'œuf piqué se détache de l'ovaire, tombe par la

trompe

trompe dans la matrice, où le petit animal s'attache par les vaisseaux qui forment le placenta.

CHAPITRE X.

Observations favorables & contraires aux Oeufs.

On trouve dans les Mémoires de l'Académie Royale des Sciences, * des observations qui paroissent très-favorables au systême des œufs; soit qu'on les considere comme contenant le fœtus, avant même la fécondation; soit comme destinés à servir d'aliment & de premier asyle au fœtus.

La Description que M. Littre

* Année 1701. p. 109.

nous donne d'un ovaire qu'il disséqua, mérite beaucoup d'attention. Il trouva un œuf dans la trompe : il obſerva une cicatrice ſur la ſurface de l'ovaire qu'il prétend avoir été faite par la ſortie d'un œuf. Mais rien de tout cela n'eſt ſi remarquable que le fœtus qu'il prétend avoir pu diſtinguer dans un œuf encore attaché à l'ovaire.

Si cette obſervation étoit bien ſûre, elle prouveroit beaucoup pour les œufs. Mais l'Hiſtoire même de l'Académie de la même année, la rend ſuſpecte : & lui oppoſe avec équité des obſervations de M. Mery qui lui font perdre beaucoup de ſa force.

Celui-ci pour une cicatrice que M. Littre avoit trouvée ſur la ſurface

face de l'ovaire, en trouva un si grand nombre sur l'ovaire d'une femme, que si on les avoit regardées comme causées par la sortie des œufs, elles auroient supposé une fécondité inouïe. Mais ce qui est bien plus fort contre les œufs : il trouva dans l'épaisseur même de la matrice, une vesicule toute pareille à celles qu'on prend pour des œufs.

Quelques observations de M. Littre, & d'autres Anatomistes, qui ont trouvé quelquefois des fœtus dans les trompes, ne prouvent rien pour les œufs : le fœtus de quelque maniere qu'il soit formé, doit se trouver dans la cavité de la matrice ; & les trompes ne sont qu'une partie de cette cavité.

M. Mery n'est pas le seul Anatomiste

tomiſte qui ait eu des doutes ſur les œufs de la femme, & des autres animaux vivipares ; pluſieurs Phyſiciens les regardent comme une chimére. Ils ne veulent point reconnoître pour de véritables œufs, ces veſicules dont eſt formée la maſſe que les autres prennent pour un ovaire. Ces œufs qu'on a trouvés quelquefois dans les trompes, & même dans la matrice, ne ſont, à ce qu'ils prétendent, que des eſpéces d'hydatides.

Des expériences devroient avoir décidé cette queſtion, ſi en Phyſique il y avoit jamais rien de décidé. Un Anatomiſte qui a fait beaucoup d'obſervations ſur les femelles des lapins, GRAAF qui les a diſſéquées après pluſieurs intervales de de temps écoulés depuis qu'elles avoient reçu le mâle, prétend avoir trouvé au bout de vingt-quatre heures des changemens dans l'ovaire. Après un intervale plus long, avoir trouvé les œufs plus altérés : quelque temps après, des œufs dans la trompe : dans les femelles disséquées un peu plus tard, des œufs dans la matrice. Enfin il prétend qu'il a toujours trouvé, aux ovaires, les vestiges d'autant d'œufs détachés, qu'il en trouvoit dans les trompes ou dans la matrice. *

Mais un autre Anatomiste aussi exact, & tout au moins aussi fidéle, quoique prévenu du systême

* Regnerus de Graaf, de mulierum organis.

des

des œufs, & même des œufs prolifiques, contenant déja le fœtus avant la fécondation; VERHEYEN a voulu faire les mêmes expériences, & ne leur a point trouvé le même ſuccès. Il a vu des alterations ou des cicatrices à l'ovaire : mais il s'eſt trompé lorſqu'il a voulu juger par elles, du nombre des fœtus qui étoient dans la matrice.

CHAPITRE XI.

Expériences de HARVEY.

TOus ces ſyſtêmes ſi brillans, & même ſi vraiſemblables que nous venons d'expoſer, paroiſſent détruits par des obſervations qui avoient été faites auparavant, & auſ-

ausquelles il semble qu'on ne sçauroit donner trop de poids. Ce sont celles de ce grand homme à qui l'anatomie devroit plus qu'à tous les autres par sa seule découverte de la circulation du sang.

Charles II. Roi d'Angleterre, Prince curieux, amateur des Sciences, & fondateur de cette Société qui les a tant fait fleurir; pour mettre son Anatomiste, à portée de découvrir le mystere de la génération, lui abandonna toutes les Biches & les Daimes de ses Parcs. HARVEY en fit un massacre sçavant: mais ses expériences nous ont-elles donné quelque lumiere sur la génération? Ou n'ont-elles pas plutôt répandu sur cette matiere des ténébres plus épaisses?

HARVEY immolant tous les jours au progrès de la Physique, quelque biche dans le temps où elles reçoivent le mâle; disséquant leurs matrices, & examinant tout avec les yeux les plus attentifs, n'y trouva rien qui ressemblât à ce que GRAAF prétend avoir observé, ni avec quoi les sistêmes dont nous venons de parler, paroissent pouvoir s'accorder.

Jamais il ne trouva dans la matrice, de liqueur séminale du mâle; jamais d'œuf dans les trompes: jamais d'altération au prétendu ovaire, qu'il appelle comme plusieurs autres Anatomistes, le Testicule de la femelle.

Les premiers changemens qu'il apperçut dans les organes de la géneranération, furent à la matrice ; il trouva cette partie enflée & plus molle qu'à l'ordinaire. Dans les quadrupedes elle paroît double ; quoiqu'elle n'ait qu'une ſeule cavité, ſon fond forme comme deux réduits que les Anatomiſtes appellent ſes *Cornes* dans leſquelles ſe trouvent les fœtus. Ce furent ces endroits principalement qui parurent les plus alterés. HARVEY y obſerva pluſieurs excroiſſances fongueuſes qu'il compare aux bouts des tetons des femmes. Il en coupa quelques-unes qu'il trouva parſemées de petits points blancs enduits d'une matiere viſqueuſe. Le fonds de la matrice qui formoit leurs paroirs, étoit gonflé & tuméfié comme les lévres des enfans, lorſqu'elles ont été piquées par des abeilles ; & tellement molasse qu'il paroissoit d'une consistence semblable à celle du cerveau. Pendant les deux mois de Septembre & d'Octobre, temps auquel les Biches reçoivent le cerf tous les jours, & par des expériences de plusieurs années, voilà tout ce que HARVEY découvrit, sans jamais appercevoir dans toutes ces matrices, une seule goutte de liqueur séminale. Car il prétend s'être assuré qu'une matiere purulente qu'il trouva dans la matrice de quelque Biche, séparée du Cerf depuis vingt jours, n'en étoit point.

Ceux à qui il fit part de ses observations, prétendirent, & peut-être le craignit-il lui-même, que les Biches

ches qu'il diſſéquoit, n'avoient pas été couvertes. Pour les convaincre, ou s'en aſſurer, il en ſepara douze du commerce des mâles après le Rut, & les fit renfermer dans un parc particulier. Il diſſéqua quelques-unes de celles-là, dans leſquelles il ne trouva pas plus de veſtiges de la ſemence du mâle, qu'auparavant ; les autres porterent des Faons. De toutes ces expériences, & de plusieurs autres faites ſur des femelles de lapins, de chiens & autres animaux, Harvey conclut que la ſemence du mâle ne ſéjourne ni même n'entre dans la matrice.

Au mois de Novembre, la tumeur de la matrice étoit diminuée, les caroncules fongueuſes devenuës flaſques. Mais ce qui fut un nouveau ſpectacle, des filets déliés étendus d'une corne à l'autre de la matrice, formoient une eſpece de reſeau ſemblable aux toiles d'araignée : & s'inſinuant entre les rides de la membrane interne de la matrice, ils s'entrelaſſoient au tour des caroncules à peu près comme on voit la *Piemere* ſuivre & embraſſer les contours du cerveau.

Ce reſeau forma bientôt une poche, dont les dehors étoient enduits d'une matiere fœtide. Le dedans liſſe & poli, contenoit une liqueur ſemblable au blanc d'œuf; dans laquelle nageoit une autre enveloppe ſpherique remplie d'une liqueur plus claire & criſtalline. Ce fut dans cette liqueur qu'on apperçut un nouveau prodige. Ce ne fut point un animal

tout

tout organiſé, comme on le devroit attendre des ſyſtêmes précédens. Ce fut le principe d'un animal ; *un Point vivant* * avant qu'aucune des autres parties fuſſent formées. On le voit dans la liqueur criſtalline ſauter & battre, tirant ſon accroiſſement d'une veine qui ſe perd dans la liqueur où il nage ; il battoit encore, lorſqu'expoſé aux rayons du ſoleil, Harvey le fit voir au Roi.

Les parties du corps viennent bientôt s'y joindre ; mais en différent ordre, & en différens temps. Ce n'eſt d'abord qu'un mucilage diviſé en deux petites maſſes, dont l'une forme la tête, l'autre le tronc. Vers la fin de Novembre le fœtus eſt formé. Et tout cet admirable ouvrage,

* Punctum ſaliens.

lorſqu'il

lorſqu'il paroît une fois commencé, s'acheve fort promptement. Huit jours après la premiere apparence du Point vivant, l'animal eſt tellement avancé, qu'on peut diſtinguer ſon ſexe. Mais encore un coup cet ouvrage ne ſe fait que par parties : celles du dedans ſont formées avant celles du dehors : les viſceres & les inteſtins ſont formés avant que d'être couverts du Thorax & de l'Abdomen : & ces dernieres parties deſtinées à mettre les autres à couvert, ne paroiſſent ajoûtées que comme un toit à l'édifice.

Juſqu'ici l'on n'obſerve aucune adherence du fœtus au corps de la mere. La membrane qui contient la liqueur criſtalline dans laquelle il nage, que les Anatomiſtes appellent

l'*Amnios*,

l'*Amnios*, nage elle-même dans la liqueur que contient le *Chorion* qui est cette poche que nous avons vuë se former d'abord ; & le tout est dans la matrice, sans aucune adhérence.

Au commencement de Decembre, on découvre l'usage des caroncules spongieuses dont nous avons parlé, qu'on observe à la surface interne de la matrice, & que nous avons comparées aux bouts des mammelles des femelles. Ces caroncules ne sont encore collées contre l'enveloppe du fœtus que par le mucilage dont elles sont remplies : mais elles s'y unissent bientôt plus intimement en recevant les vaisseaux que le fœtus pousse, & servent de base au Placenta.

Tout le reste n'est plus que différens degrés d'accroissement que le fœtus reçoit chaque jour. Enfin le terme où il doit naître, étant venu, il rompt les membranes dans lesquelles il étoit envelopé ; le Placenta se détache de la matrice ; & l'animal sortant du corps de la mere, paroît au jour. Les femelles des animaux mâchant elles-mêmes le cordon des vaisseaux qui attachoient le fœtus au Placenta, détruisent une communication devenuë inutile ; les Sages-femmes font une ligature à ce cordon, & le coupent.

Voilà quelles furent les observations de HARVEY. Elles paroissent si peu compatibles avec le systême des œufs & celui des animaux spermatiques, que si je les avois rapportées

portées avant que d'exposer ces ſyſtêmes ; j'aurois craint qu'elles ne prévinſſent trop contr'eux, & n'empêchaſſent de les écouter avec aſſez d'attention.

Au lieu de voir croître l'animal par l'*intus-ſuſception* d'une nouvelle matiere, comme il devroit arriver s'il étoit formé dans l'œuf de la femelle, ou ſi c'étoit le petit ver qui nage dans la ſemence du mâle : Ici c'eſt un animal qui ſe forme par la *juxta-poſition* de nouvelles parties. HARVEY voit d'abord ſe former le ſac qui le doit contenir : & ce ſac, au lieu d'être la membrane d'un œuf qui ſe dilateroit, ſe fait ſous ſes yeux, comme une toile dont il obſerve les progrès : ce ne ſont d'abord que des filets tendus d'un

 bout

bout à l'autre de la matrice; ces filets se multiplient, se serrent, & forment enfin une véritable membrane. La formation de ce sac est une merveille qui doit accoûtumer aux autres.

HARVEY ne parle point de la formation du sac intérieur dont, sans doute, il n'a pas été témoin; mais il a vu l'animal qui y nage, se former. Ce n'est d'abord qu'un poinct, mais un poinct qui a la vie; & autour duquel toutes les autres parties venant s'arranger forment bientôt un animal. *

* GULLELM. HARVEY. *De Cervarum & Damarum coitu.* Exercit. LXVI.

CHAPITRE XII.

Sentiment de HARVEY *sur la Génération.*

TOutes ces expériences, ſi oppoſées aux ſyſtêmes des œufs, & des animaux ſpermatiques, parurent à HARVEY détruire le ſyſtême du mêlange des deux ſemences : parce que ces liqueurs ne ſe trouvoient point dans la matrice. Ce grand homme déſeſpérant de donner une explication claire & diſtincte de la génération, eſt réduit à s'en tirer par des comparaiſons. Il dit que la femelle eſt renduë féconde par le mâle ; comme le fer, après qu'il a été touché par l'aimant, acquiert la vertu ma-

magnétique ; il fait sur cette imprégnation, une dissertation plus Scholastique que Physique ; & finit par comparer la matrice fécondée, au cerveau ; dont elle imite alors la substance. *L'une conçoit le fœtus, comme l'autre les idées qui s'y forment.* Explication étrange qui doit bien humilier ceux qui veulent pénétrer les secrets de la nature.

C'est presque toujours à de pareils résultats que les recherches les plus approfondies, conduisent. On se fait un systême, satisfaisant, pendant qu'on ignore les circonstances du phénomene qu'on veut expliquer : dès qu'on les découvre, on voit l'insuffisance des raisons qu'on donnoit, & le systême s'évanouit. Si nous croyons sçavoir quelque chose, ce ce n'eſt que parce que nous ſommes fort ignorans.

Notre eſprit ne paroît deſtiné qu'à raiſonner ſur les choſes que nos ſens découvrent. Les microſcopes & les lunettes nous ont pour ainſi dire, donné de nouveaux ſens au-deſſus de notre portée, tels qu'ils appartiendroient à des intelligences ſupérieures, & qui mettent ſans ceſſe la nôtre en défaut.

CHAPITRE XIII.

Tentatives pour accorder les obſervations avec le ſyſtême des œufs.

MAis ſeroit-il permis d'alterer un peu les obſervations de HARVEY? Pourroit-on les interpréter d'une maniere

maniere qui les rapprochât du ſyſtême des œufs, ou des vers ſpermatiques ? Pourroit-on ſuppoſer que quelque fait eût échapé à ce grand homme ? Ce ſeroit, par exemple, qu'un œuf détaché de l'ovaire, fût tombé dans la matrice, dans le temps que la premiere enveloppe ſe forme, & s'y fût renfermé. Que la ſeconde enveloppe ne fût que la membrane propre de cet œuf dans lequel ſeroit renfermé le petit fœtus ; ſoit que l'œuf le contînt avant même la fécondation, comme le prétendent ceux qui croient les œufs prolifiques ; ſoit que le petit fœtus y fût entré ſous la forme de ver. Pourroit-on croire enfin que HARVEY ſe fût trompé dans tout ce qu'il nous raconte de

la

la formation du fœtus ? Que des membres déja tout formés, lui eussent échapé à cause de leur molesse, & de leur transparence ; & qu'il les eût pris pour des parties nouvellement ajoûtées, lorsqu'ils ne faisoient que devenir plus sensibles par leur accroissement ? La premiere envelope, cette poche que HARVEY vit se former de la maniere qu'il le raconte, seroit encore fort embarassante ; son organisation primitive auroit-elle échapé à l'Anatomiste, ou se seroit-elle formée de la seule matiere visqueuse qui sort des mammelons de la matrice, comme les peaux qui se forment sur le lait.

CHAPITRE XIV.

Tentatives pour accorder ces Observations avec le ſyſtême des Animaux ſpermatiques.

Si l'on vouloit rapprocher les obſervations de Harvey du ſyſtême des petits vers ; quand même, comme il le prétend, la liqueur qui les porte, ne ſeroit pas entrée dans la matrice, il ſeroit aſſez facile à quelqu'un d'eux de s'y être introduit, puiſque ſon orifice s'ouvre dans le vagin : pourroit-on maintenant propoſer une conjecture qui pourra paroître trop hardie aux Anatomiſtes ordinaires, mais qui n'étonnera pas ceux qui ſont accoûtumés à obſerver les procédés des inſectes, qui ſont ceux qui ſont les plus applicables ici. Le petit ver introduit dans la matrice n'auroit-il point tiſſu la membrane qui forme la premiere envelope ? Soit qu'il eût tiré de lui-même les fils que Harvey obſerva d'abord, & qui étoient tendus d'un bout à l'autre de la matrice ; ſoit qu'il eût ſeulement arrangé ſous cette forme la matiere viſqueuſe qu'il y trouvoit. Nous avons des exemples qui ſemblent favoriſer cette idée. Pluſieurs inſectes, lorſqu'ils ſont ſur le point de ſe metamorphoſer, commencent par filer ou former de quelque matiere étrangere, une envelope dans laquelle ils ſe renferment ; c'eſt ainſi que le ver à ſoie forme ſa coque. Il y quitte bientôt ſa peau de ver ; & celle qui lui ſuccede, eſt celle de feve ou de cryſalide, ſous laquelle tous ſes membres ſont comme emmaillotés, & dont il ne ſort que pour paroître ſous la forme de papillon.

Notre ver ſpermatique, après avoir tiſſu ſa premiere envelope, qui répond à la coque de ſoie, s'y renfermeroit, s'y dépouilleroit, & ſeroit alors ſous la forme de chryſalide, c'eſt-à-dire, ſous une ſeconde envelope qui ne ſeroit qu'une de ſes peaux. Cette liqueur criſtalline renfermée dans cette ſeconde envelope, dans laquelle paroît le point animé, ſeroit le corps même de l'animal ; mais tranſparent comme le criſtal, & mou juſqu'à la fluidité ; & dans lequel HARVEY auroit

roit méconnu l'organiſation. La mer jette ſouvent ſur ſes bords des matieres glaireuſes & tranſparentes qui ne paroiſſent pas beaucoup plus organiſées que la matiere dont nous parlons, & qui ſont cependant de vrais animaux. La premiere enveloppe du fœtus, le chorion, ſeroit ſon ouvrage; la ſeconde, l'amnios, ſeroit ſa peau.

Mais eſt-on en droit de porter de pareilles atteintes à des obſervations auſſi autentiques, & de les ſacrifier ainſi à des analogies & à des ſyſtêmes? Mais auſſi dans des choſes qui ſont ſi difficiles à obſerver, ne peut-on pas ſuppoſer que quelques circonſtances, ſoient échapées au meilleur obſervateur?

CHAP.

CHAPITRE XV.

Variétés dans les Animaux.

L'Analogie nous délivre de la peine d'imaginer des choſes nouvelles: & d'une peine encore plus grande, qui eſt de demeurer dans l'incertitude. Elle plaît à notre eſprit; mais plaît-elle tant à la nature?

Il y a ſans doute quelqu'analogie dans les moyens que les différentes eſpéces d'animaux emploient pour ſe perpétuer. Car malgré la varieté infinie qui eſt dans la nature, les changemens n'y ſont jamais ſubits. Mais dans l'ignorance où nous ſommes, nous courrons toujours riſque de prendre pour des eſpéces voiſines, des eſpéces ſi éloignées, que cette analogie qui d'une eſpéce à l'autre, ne change que par des nuances inſenſibles, ſe perd, ou du moins eſt méconnoiſſable dans les eſpéces que nous voulons comparer.

En effet, quelles varietés n'obſerve-t-on pas dans la maniere dont les différentes eſpéces d'animaux, ſe perpétuent ?

L'impétueux Taureau, fier de ſa force, ne s'amuſe point aux careſſes. Il s'élance à l'inſtant ſur la Geniſſe, il pénétre profondément dans ſes entrailles, & y verſe à grands flots, la liqueur qui doit la rendre féconde.

La Tourterelle, par de tendres gémiſſemens, annonce ſon amour.

Mille baiſers , mille plaiſirs, précédent le dernier plaiſir.

Un inſecte à longues aîles* pourſuit ſa femelle dans les airs. Il l'attrape ; ils s'embraſſent, ils s'attachent l'un à l'autre ; & peu embarraſſés alors de ce qu'ils deviennent, les deux amans volent enſemble, & ſe laiſſent emporter aux vents.

Des animaux ** qu'on a longtems méconnus, qu'on a pris pour des Galles , ſont bien éloignés de promener ainſi leurs amours. La femelle ſous cette forme ſi peu reſſemblante à celle d'un animal, paſſe la plus grande partie de ſa vie, immobile & fixée contre l'écorce

* La Demoiſelle, *Perla* en latin.

** Hiſt. des Inſect. de M. de Reaumur, Tome IV. pag. 34.

d'un

d'un arbre. Elle eſt couverte d'une eſpéce d'écaille qui cache ſon corps de tous côtés ; une fente preſqu'imperceptible, eſt pour cet animal, la ſeule porte ouverte à la vie. Le mâle de cette étrange créature, ne lui reſſemble en rien. C'eſt un moucheron dont elle ne ſçauroit voir les infidélités, & dont elle attend patiemment les careſſes. Après que l'inſecte aîlé a introduit ſon aiguillon dans la fente, la femelle devient d'une telle fécondité, qu'il ſemble que ſon écaille & ſa peau, ne ſoient plus qu'un ſac rempli d'une multitude innombrable de petits.

La galle inſecte n'eſt pas la ſeule eſpéce d'animaux dont le mâle vole dans les airs, pendant que la femelle ſans aîles, & de figure toute

 différente,

différente, rampe sur la terre. Ces Diamans dont brillent les buissons pendant les nuits d'automne, les vers luisans sont les femelles d'insectes aîlés, qui les perdroient vraisemblablement dans l'obscurité de la nuit, s'ils n'étoient conduits par le petit flambeau qu'elles portent. *

Parlerai-je d'animaux dont la figure inspire le mépris & l'horreur ? oui, la nature n'en a traité aucun en marâtre. Le crapaud tient sa femelle embrassée pendant des mois entiers.

Pendant que plusieurs animaux sont si empressés dans leurs amours, le timide poisson en use avec une retenuë extrême. Sans oser rien entreprendre sur sa femelle, ni se per-

* Hist. de l'Acad. des Scienc. ann. 1723. p. 9.

mettre

mettre le moindre attouchement, il se morfond à la suivre dans les eaux : & se trouve trop heureux d'y féconder ses œufs après qu'elle les y a jettés.

Ces animaux travaillent-ils à la génération d'une maniere si désintéressée ? Ou la délicatesse de leurs sentimens supplée-t-elle à ce qui paroît leur manquer ? Oui, sans doute, un regard est pour eux une jouissance ; tout peut faire le bonheur de celui qui aime. La nature a le même intérêt à perpétuer toutes les espéces ; elle aura inspiré à chacune le même motif ; & ce motif dans toutes, est le plaisir. C'est lui qui dans l'espéce humaine, fait tout disparoître devant lui : qui malgré mille obstacles qui s'oppoſent à l'union de deux cœurs, mille tourmens qui doivent la ſuivre, conduit les amans au but que la nature s'eſt propoſée. *

Si les poiſſons ſemblent mettre tant de délicateſſe dans leur amour, d'autres animaux pouſſent le leur juſqu'à la débauche la plus effrenée. La Reine abeille a un ſérail d'amans, & les ſatisfait tous. Elle cache envain la vie qu'elle mene dans l'intérieur de ſes murailles. Envain elle en avoit impoſé même au ſçavant Swarmerdam. Un illuſtre obſervateur ** s'eſt convaincu par ſes

* . . . . Ita capta lepore,
Illecebriſque tuis omnis natura animantum.
Te ſequitur cupidè, quò quamque inducere pergis.
Lucret. Lib. I.

** Hiſt. des Inſect. de M. de Reaumur, Tome V, pag. 504.

yeux

yeux, de ſes proſtitutions. Sa fécondité eſt proportionnée à ſon intempérance ; elle devient mere de 30. & 40. mille enfans.

Mais la multitude de ce peuple, n'eſt pas ce qu'il y a de plus merveilleux. C'eſt de n'être point reſtraint à deux ſexes, comme les autres animaux. La famille de l'abeille eſt compoſée d'un très-petit nombre de femelles deſtinées chacune à être Reine, comme elle, d'un nouvel eſſain ; d'environ deux mille mâles ; & d'un nombre prodigieux de Neutres, de mouches ſans aucun ſexe, eſclaves malheureux qui ne ſont deſtinés qu'à faire le miel, nourrir les petits dès qu'ils ſont éclos, & à entretenir par leur travail, le luxe & l'abondance dans la ruche.

Cependant

Cependant il vient un temps où ces esclaves se révoltent contre ceux qu'ils ont si bien servi. Dès que les mâles ont assouvi la passion de la Reine, il semble qu'elle ordonne leur mort, & qu'elle les abandonne à la fureur des neutres. Plus nombreux de beaucoup que les mâles, ils en font un carnage horrible : & cette guerre ne finit point que le dernier mâle de l'essain n'ait été exterminé.

Voilà une espéce d'animaux bien différens de tous ceux dont nous avons jusqu'ici parlé. Dans ceux-là deux individus formoient la famille, s'occupoient & suffisoient à perpétuer l'espéce. Ici la famille n'a qu'une seule femelle ; mais le sexe du mâle paroît partagé entre des milliers

milliers d'individus. Et des milliers encore beaucoup plus nombreux, manquent de ſexe abſolument.

Dans d'autres eſpéces au contraire, les deux ſexes ſe trouvent réünis dans chaque individu. Chaque limaçon a tout à la fois les parties du mâle & celles de la femelle : ils s'attachent l'un à l'autre, ils s'entrelaſſent par de longs cordons, qui ſont les organes de la génération, & après ce double accouplement, chaque limaçon pond ſes œufs.

Malgré ce privilége qu'a le limaçon de poſſéder tout à la fois les deux ſexes, la nature n'a pas voulu qu'ils puſſent ſe paſſer les uns des autres ; deux ſont néceſſaires pour perpétuer l'eſpéce.

Mais

Mais voici un Hermaphrodite bien plus parfait. C'eſt un petit inſecte trop commun dans nos jardins, que les Naturaliſtes appellent *Puceron*. Sans aucun accouplement, il produit ſon ſemblable, accouche d'un autre puceron vivant. Ce fait merveilleux ne devroit pas être cru s'il n'avoit été vu par les Naturaliſtes les plus fidéles: & s'il n'étoit conſtaté par M. de Reaumur à qui rien n'échape de ce qui eſt dans la nature, mais qui n'y voit jamais que ce qui y eſt.

On a pris un puceron ſortant du ventre de ſa mere ou de ſon pere; on l'a ſoigneuſement ſéparé de tout commerce avec aucun autre, & on l'a nourri dans un vaſe de verre bien fermé. On l'a vu accoucher d'un d'un grand nombre de pucerons. Un de ceux-ci a été pris sortant du ventre du premier, & renfermé comme sa mere ; il a bientôt fait comme elle d'autres pucerons. On a eu de la sorte, cinq générations bien constatées sans aucun accouplement. Mais ce qui peut paroître une merveille aussi grande que celle-ci, c'est que les mêmes pucerons qui peuvent engendrer sans accouplement, s'accouplent aussi fort bien quand ils veulent. *

Ces animaux qui en produisent d'autres, étant séparés de tout animal de leur espéce, se seroient-ils accouplés dans le ventre de leur mere ? ou lorsqu'un puceron en s'accouplant, en féconde un autre, fé-

* Hist. des Insect. de M. de Reaumur, p. 523.

conderoit - il à la fois plusieurs générations ? Quelque parti qu'on prenne, quelque chose qu'on imagine ; toute analogie est ici violée.

Un ver aquatique appellé *Polype* a des moyens encore plus surprenans pour se multiplier. Comme un arbre pousse des branches, un Polype pousse de jeunes polypes : ceux-ci lorsqu'ils sont parvenus à une certaine grandeur, se détachent du tronc qui les a produits ; mais souvent avant que de s'en détacher, ils en ont poussé eux - mêmes de nouveaux : & tous ces descendans de différens ordres, tiennent à la fois au polype ayeul. L'illustre auteur de ces découvertes, a voulu examiner si la génération naturelle des polypes se réduisoit à cela ;

cela ; & s'ils ne s'étoient point accouplés auparavant. Il a employé pour s'en aſſurer, les moyens les plus ingénieux & les plus aſſidus : il s'eſt précautionné contre toutes les ruſes d'amour, que les animaux les plus ſtupides ſçavent quelquefois mettre en uſage auſſi bien, & mieux que les plus fins. Le réſultat de toutes ſes obſervations a été que la génération de ces animaux, ſe fait ſans aucune eſpéce d'accouplement.

Mais cela pourra-t-il ſurprendre, lorſqu'on ſçaura quelle eſt l'autre maniere dont les Polypes ſe multiplient ? Parlerai-je de ce prodige ; & le croira-t-on ? Oui, il eſt conſtant par des expériences & des témoignages qui ne permettent pas d'en douter. Un animal pour ſe multiplier, n'a beſoin que d'être coupé par morceaux : le tronçon auquel tient la tête, reproduit une queuë ; celui auquel la queuë eſt reſtée, reproduit une tête ; & les tronçons ſans tête & ſans queuë, reproduiſent l'une & l'autre. Hydre plus merveilleux que celui de la fable ; on peut le fendre dans ſa longueur ; le mutiler de toutes les façons ; tout eſt bientôt réparé ; & chaque partie eſt un animal nouveau *

Que peut-on penſer de cette étrange eſpéce de génération ? de ce principe de vie répandu dans chaque partie de l'animal ? Ces ani-

* Philoſoph. Tranſact. N°. 467.

L'Ouvrage va paroître dans lequel M. TREMBLEY donne au Public toutes ſes découvertes ſur ces animaux.

maux ne ſeroient-ils que des amas d'embrions tout prêts à ſe dévelo-per, dès qu'on leur feroit jour ? Ou des moyens inconnus reproduiſent-ils tout ce qui manque aux parties mutilées ? La nature qui dans tous les autres animaux, a attaché le plaiſir à l'acte qui les multiplie, fe-roit-elle ſentir à ceux-ci quelque eſpéce de volupté lorſqu'on les cou-pe par morceaux ?

CHAPITRE XVI.

Réflexions ſur les Syſtêmes de dévelopemens.

LA plûpart des Phyſiciens moder-nes, conduits par l'analogie de ce qui ſe paſſe dans les plantes, où la production

production apparente des parties, n'eſt que le dévelopement de ces parties déja formées dans la graine ou dans l'oignon; & ne pouvant comprendre comment un corps organiſé ſeroit produit; ces Phyſiciens veulent réduire toutes les générations à de ſimples dévelopemens. Ils croient plus ſimple de ſuppoſer que tous les animaux de chaque eſpece, étoient contenus déja tous formés dans un ſeul pere, ou une ſeule mere, que d'admettre aucune production nouvelle.

Ce n'eſt point la petiteſſe extrême dont devroient être les parties de ces animaux, ni la fluidité des liqueurs qui y devroient circuler, que je leur objecterai. Mais je leur demande la permiſſion d'approfon-

dir

dir un peu plus leur ſentiment, & d'examiner 1°. Si ce qu'on voit dans la production apparente des plantes, eſt applicable à la génération des animaux? 2°. Si le ſyſtême du dévelopement, rend la Phyſique plus claire qu'elle ne ſeroit en admettant des productions nouvelles.

Quant à la premiere queſtion; il eſt vrai qu'on apperçoit dans l'oignon de la Tulipe, les feuilles & la fleur déja toutes formées, & que ſa production apparente, n'eſt qu'un véritable dévelopement de ces parties. Mais à quoi cela eſt-il applicable, ſi l'on veut comparer les animaux aux plantes? Ce ne ſera qu'à l'animal déja formé. L'oignon ne ſera que la Tulipe même; & comment pourroit-on prouver que toute toutes les Tulipes qui doivent naître de celle-ci, y ſont contenuës ? Cet exemple donc des plantes, ſur lequel ces Phyſiciens comptent tant, ne prouve autre choſe, ſi ce n'eſt qu'il y a un état pour la plante, où ſa forme n'eſt pas encore ſenſible à nos yeux, mais où elle n'a beſoin que du dévelopement & de l'accroiſſement de ſes parties, pour paroître. Les animaux ont bien un état pareil ; mais c'eſt avant cet état, qu'il faudroit ſçavoir ce qu'ils étoient ; enfin quelle certitude a-t-on ici de l'analogie entre les plantes & les animaux ?

Quant à la ſeconde queſtion ; ſi le ſyſtême du dévelopement rend la Phyſique plus lumineuſe qu'elle ne ſeroit en admettant de nouvelles

les productions ? Il eſt vrai qu'on ne comprend point comment à chaque génération, un corps organiſé, un animal ſe peut former : mais comprend-t-on mieux comment cette ſuite infinie d'animaux contenus les uns dans les autres, auroit été formée tout à la fois ? Il me ſemble qu'on ſe fait ici une illuſion ; & qu'on croit réſoudre la difficulté en l'éloignant. Mais la difficulté demeure la même, à moins qu'on n'en trouve une plus grande à concevoir comment tous ces corps organiſés auroient été formés les uns dans les autres, & tous dans un ſeul ; qu'à croire qu'ils ne ſont formés que ſucceſſivement.

Le Reſtaurateur de la Phyſique, à qui cette ſcience doit plus qu'à tous ceux qui l'avoient précédé, & qu'à tous ceux qui l'ont ſuivi, quoiqu'aidés des découvertes que les temps & une certaine maturité amenent néceſſairement; Deſcartes a cru que l'homme étoit formé du mêlange des liqueurs que répandent les deux ſexes. Ce grand Philoſophe dans ſon traité de l'homme, a cru pouvoir expliquer, comment par les ſeules loix du mouvement & de la fermentation, il ſe formoit, un cœur, un cerveau, un nez, des yeux, &c. *

Le ſentiment de Deſcartes ſur la formation du fœtus, par le mêlange des deux ſemences, a quelque choſe de remarquable, & qui

* L'homme de DESCARTES, & la formation du fœtus, pag. 127.

préviendroit

préviendroit en ſa faveur, ſi les raiſons morales pouvoient entrer ici pour quelque choſe. Car on ne croira pas qu'il l'ait embraſſé par complaiſance pour les anciens, ni faute de pouvoir imaginer d'autres ſyſtêmes.

Mais ſi l'on croit que l'Auteur de la nature, n'abandonne pas aux ſeules loix du mouvement, la formation des animaux ; ſi l'on croit qu'il faille qu'il y mette immédiatement la main, & qu'il ait créé d'abord tous ces animaux contenus les uns dans les autres : que gagnera-t-on à croire qu'il les a tous formés en même temps ? Et que perdra la Phyſique, ſi l'on penſe que les animaux ne ſont formés que ſucceſſivement. Y a-t-il même, pour Dieu, quelque différence entre le temps que nous regardons comme le même, & celui qui se succéde.

CHAPITRE XVII.

Raisons qui prouvent que le Fœtus participe également du Pere & de la Mere.

SI l'on ne voit aucun avantage, aucune simplicité plus grande à croire que les animaux, avant la génération, étoient déja tous formés les uns dans les autres, qu'à penser qu'ils se forment à chaque génération : si le fonds de la chose, la formation de l'animal demeure pour nous également inexplicable ; des raisons très-fortes font voir que chaque

chaque ſexe y contribue également. L'enfant naît tantôt avec les traits du pere , tantôt avec ceux de la mere ; il naît avec leurs défauts & leurs habitudes , & paroît tenir d'eux juſqu'aux inclinations & aux qualités de l'eſprit. Quoique ces reſſemblances ne s'obſervent pas toujours , elles s'obſervent trop ſouvent , pour qu'on puiſſe les attribuer à un effet du hazard : & ſans doute, elles ont lieu plus ſouvent qu'on ne croit, & qu'on ne peut le remarquer.

Dans des eſpéces différentes , ces reſſemblances ſont plus ſenſibles. Qu'un homme noir épouſe une femme blanche , il ſemble que les deux couleurs ſoient mêlées ; l'enfant naît olivâtre , & eſt mi-parti avec les traits de la mere, & ceux du pere.

Mais dans des espéces plus différentes, l'altération de l'animal qui en naît, est encore plus grande. L'âne & la Jument forment un animal qui n'est ni cheval ni âne, mais qui est visiblement un composé des deux. Et l'altération est si grande, que les organes du mulet sont inutiles pour la génération.

Des expériences plus poussées, & sur des espéces plus differentes, feroient voir encore vraisemblablement, de nouveaux monstres. Tout concourt à faire croire que l'animal qui naît, est un composé des deux semences.

Si tous les animaux d'une espéce, étoient déja formés & contenus dans

dans un ſeul pere, ou une ſeule mere; ſoit ſous la forme de vers, ſoit ſous la forme d'œufs, obſerveroit-on ces alternatives de reſſemblances? Si le fœtus étoit le ver qui nage dans la liqueur ſéminale du pere, pourquoi reſſembleroit-il quelquefois à la mere? S'il n'étoit que l'œuf de la mere, que ſa figure auroit-elle de commun avec celle du pere? Le petit cheval déja tout formé dans l'œuf de la jument, prendroit-il des oreilles d'âne, parce qu'un âne auroit mis les parties de l'œuf en mouvement?

Croira-t-on, pourra-t-on imaginer que le ver ſpermatique, parce qu'il aura été nourri chez la mere, prendra ſa reſſemblance & ſes traits? Cela ſeroit-il beaucoup plus ridicule, le, qu'il ne le feroit de croire que les animaux duſſent reſſembler aux alimens dont ils ſe ſont nourris, ou aux lieux qu'ils ont habités.

CHAPITRE XVIII.

Syſtêmes ſur les Monſtres.

ON trouve dans les Mémoires de l'Académie des Sciences, une longue diſpute entre deux Hommes célébres, qui à la maniere dont on combattoit, n'auroit jamais été terminée ſans la mort d'un des combattans. La queſtion étoit ſur les Monſtres. Dans toutes les eſpéces, on voit ſouvent naître des animaux contrefaits : des animaux à qui il manque quelques parties, ou qui ont

ont quelques parties de trop. Les deux Anatomistes convenoient du systême des œufs. Mais l'un vouloit que les monstres ne fussent jamais que l'effet de quelqu'accident arrivé aux œufs. L'autre prétendoit qu'il y avoit des œufs originairement monstrueux, qui contenoient des monstres aussi bien formés que les autres œufs contenoient des animaux parfaits.

L'un expliquoit assez clairement comment les désordres arrivés dans les œufs, faisoient naître des monstres : il suffisoit que quelques parties dans le temps de leur molesse, eussent été détruites dans l'œuf, par quelque accident, pour qu'il naquît un *Monstre par défaut*, un enfant mutilé. L'union ou la confuſion de deux œufs, ou de deux germes d'un même œuf, produiſoit les *Monſtres par excès*, les enfans qui naiſſent avec des parties ſuperfluës. Le premier degré de monſtres ſeroit deux gemeaux ſimplement adhérens l'un à l'autre, comme on en a vu quelquefois. Dans ceux-là aucune partie principale des œufs n'auroit été détruite. Quelques parties ſuperficielles des fœtus déchirées dans quelque endroit, & repriſes l'une avec l'autre, auroient cauſé l'adhérence des deux corps. Les monſtres à deux têtes ſur un ſeul corps, ou à deux corps ſur une ſeule tête, ne différeroient des premiers, que parce que plus de parties dans l'un des œufs, auroient été détruites : dans l'un, toutes celles

celles qui formoient un des corps ; dans l'autre , celles qui formoient une des têtes. Enfin un enfant qui a un doigt de trop , est un monstre composé de deux œufs , dans l'un desquels toutes les parties , excepté ce doigt , ont été détruites.

L'adversaire plus anatomiste que raisonneur , sans se laisser éblouir d'une espéce de lumiere que ce systême répand , n'objectoit à cela que des monstres dont il avoit lui-même disséqué la plûpart , & dans lesquels il avoit trouvé des monstruosités qui lui paroissoient inexplicables par aucun désordre accidentel.

Les raisonnemens de l'un tenterent d'expliquer ces désordres : les monstres de l'autre se multiplierent ; à chaque raison que M. de Lemery alléguoit, c'étoit toujours quelque nouveau monſtre à combattre que lui produiſoit M. de Winſlow.

Enfin on en vint aux raiſons Métaphyſiques. L'un trouvoit du ſcandale à penſer que Dieu eût créé des germes originairement monſtrueux : l'autre croyoit que c'étoit limiter la puiſſance de Dieu, que de la reſtraindre à une régularité & une uniformité trop grande.

Ceux qui voudroient voir ce qui a été dit ſur cette diſpute, le trouveroient dans les Mémoires de l'Académie : * Pour nous, nous nous contenterons d'avoir rapporté ici l'extrait de ces ſyſtêmes, ſans entreprendre de décider entre deux Au-

* Mem. de l'Académie Royale des Sciences, années 1724. 1733. 1734. 1738. & 1740.

teurs qui étoient peut-être également éloignés du but.

CHAPITRE XIX.

Des accidens causés par l'imagination des Meres.

UN Phénomene plus difficile encore, ce me semble, à expliquer, que les monstres dont nous venons de parler; ce seroit cette espéce de monstres causés par l'imagination des Meres; ces enfans ausquels les meres auroient imprimé la figure de l'objet de leur frayeur, de leur admiration, ou de leur désir. On craint d'ordinaire qu'un negre, qu'un singe, ou tout autre animal dont la vuë peut surprendre ou effrayer, ne se ſe préſente aux yeux d'une femme enceinte. On craint qu'une femme en cet état, deſire de manger quelque fruit, ou qu'elle ait quelqu'apetit qu'elle ne puiſſe pas ſatisfaire. On raconte mille hiſtoires d'enfans qui portent les marques de tels accidens.

Il me ſemble que ceux qui ont raiſonné ſur ces Phénomenes, en ont confondu deux ſortes abſolument différentes.

Qu'une femme troublée par quelque paſſion violente, qui ſe trouve dans un grand péril, qui a été épouvantée par un animal affreux, accouche d'un enfant contrefait; il n'y a rien que de très-facile à comprendre. Il y a certainement entre le fœtus & ſa mere, une communication

munication aſſez intime, pour qu'une violente agitation dans les eſprits ou dans le ſang de la mere, ſe tranſmette dans le fœtus, & y cauſe des déſordres auſquels les parties de la mere pouvoient réſiſter, mais auſquels les parties trop délicates du fœtus ſuccombent. Tous les jours nous voyons ou éprouvons de ces mouvemens involontaires qui ſe communiquent de bien plus loin que de la mere à l'enfant qu'elle porte. Qu'un homme qui marche devant moi, faſſe un faux pas; mon corps prend naturellement l'attitude que devroit prendre cet homme pour s'empêcher de tomber. Nous ne ſçaurions guères voir ſouffrir les autres, ſans reſſentir une partie de leurs douleurs; ſans éprouver des révolutions

révolutions quelquefois plus violentes que n'éprouve celui ſur lequel le fer & le feu agiſſent. C'eſt un lien par lequel la nature a attaché les hommes les uns aux autres. Elle ne les rend d'ordinaire compatiſſans, qu'en leur faiſant ſentir les mêmes maux. Le plaiſir & la douleur ſont les deux maîtres du Monde. Sans l'un, peu de gens s'embarraſſeroient de perpétuer l'eſpéce des hommes : ſi l'on ne craignoit l'autre, pluſieurs ne voudroient pas vivre.

Si donc ce fait tant rapporté eſt vrai: qu'une femme ſoit accouchée d'un enfant dont les membres étoient rompus aux mêmes endroits où elle les avoit vu rompre à un criminel ; il n'y a rien, ce me ſemble, qui doive

doive beaucoup ſurprendre ; non plus que dans tous les autres faits de cette eſpéce.

Mais il ne faut pas confondre ces faits avec ceux où l'on prétend que l'imagination de la mere, imprime au fœtus la figure de l'objet qui l'a épouvantée, ou du fruit qu'elle a deſiré de manger. La frayeur peut cauſer de grands déſordres dans les parties molles du fœtus, mais elle ne reſſemble point à l'objet qui l'a cauſée. Je croirois plutôt que la peur qu'une femme a d'un tigre, fera périr entierement ſon enfant, ou le fera naître avec les plus grandes difformités, qu'on ne me fera croire que l'enfant puiſſe naître moucheté, ou avec des griffes, à moins que ce ne ſoit un effet du hazard qui n'ait rien de commun avec la frayeur du tigre. De même l'enfant qui naquit roué, eſt bien moins prodige que ne le ſeroit celui qui naîtroit avec l'empreinte de la cériſe qu'auroit voulu manger ſa mere. Parce que le ſentiment qu'une femme éprouve par le déſir ou par la vuë d'un fruit, ne reſſemble en rien à l'objet qui excite ce ſentiment.

Cependant rien n'eſt ſi fréquent que de rencontrer de ces ſignes qu'on prétend formés par les envies des meres. Tantôt c'eſt une cériſe, tantôt c'eſt un raiſin, tantôt c'eſt un poiſſon. J'en ai obſervé un grand nombre; mais j'avouë que je n'en ai jamais vu qui ne pût être facilement réduit à quelqu'excroiſſance ou quelque tache accidentelle. J'ai vu juſqu'à qu'à une ſouris ſur le corps d'une Demoiſelle dont la mere avoit été épouvantée par cet animal ; une autre portoit un poiſſon que ſa mere avoit eu envie de manger. Ces animaux paroiſſoient à quelques uns parfaitement deſſinés : mais pour moi, l'un ſe réduiſit à une tache noire & veluë de l'eſpéce de pluſieurs autres qu'on voit quelquefois placées ſur la joue, & auxquelles on ne donne aucun nom, faute de trouver à quoi elles reſſemblent. Le Poiſſon ne fut qu'une tache griſe. Le rapport des meres, le ſouvenir qu'elles ont d'avoir eu telle crainte ou tel déſir, ne doit pas beaucoup embaraſſer : elles ne ſe ſouviennent d'avoir eu ces déſirs ou ces craintes, qu'après qu'elles ſont accouchées d'un enfant marqué :

leur mémoire alors leur fournit tout ce qu'elles veulent : & en effet il est difficile que dans une espace de neuf mois une femme n'ait jamais eu peur d'aucun animal, ni envie de manger d'aucun fruit.

CHAPITRE XX.

Difficultés sur les systêmes des Oeufs, & des Animaux spermatiques.

IL est temps de revenir à la maniere dont se fait la génération. Tout ce que nous venons de dire, loin d'éclaircir cette matiere, n'a peut-être fait qu'y répandre plus de doutes. Les faits merveilleux de toutes parts se sont découverts : les systêmes se sont multipliés : & il n'en est que plus

plus difficile, dans cette grande variété d'objets, de reconnoître l'objet qu'on cherche.

Je connois trop les défauts de tous les ſyſtêmes que j'ai propoſés, pour en adopter aucun : je trouve trop d'obſcurité répanduë ſur cette matiere, pour oſer former aucun ſyſtême. Je n'ai que quelques penſées vagues que je propoſe plutôt comme des queſtions à examiner, que comme des opinions à recevoir ; je ne ſerai ni ſurpris, ni ne croirai avoir lieu de me plaindre, ſi on les rejette. Et comme il eſt beaucoup plus difficile de découvrir la maniere dont un effet eſt produit, que de faire voir qu'il n'eſt produit ni de telle, ni de telle maniere ; je commencerai par faire voir qu'on ne ſçauroit raiſonnablement

nablement admettre ni le ſyſtême des œufs, ni celui des Animaux ſpermatiques.

Il me ſemble donc que ces deux ſyſtêmes ſont également incompatibles avec la maniere dont HARVEY a vu le fœtus ſe former.

Mais l'un & l'autre de ces deux ſyſtêmes me paroiſſent encore plus ſûrement détruits par la reſſemblance de l'enfant, tantôt au pere, tantôt à la mere : & par les animaux mi-partis qui naiſſent de deux eſpéces différentes.

On ne ſçauroit peut-être expliquer comment un enfant de quelque maniere que le pere & la mere contribuent à ſa génération, peut leur reſſembler : mais de ce que l'enfant reſſemble à l'un & à l'autre, je je crois qu'on peut conclure que l'un & l'autre ont eu également part à sa formation.

Nous ne reparlerons plus ici du sentiment de HARVEY qui réduisoit la conception de l'enfant dans la matrice, à la comparaison de la conception des idées dans le cerveau. Ce qu'a dit, sur cela, ce grand homme, ne peut servir qu'à faire voir combien il trouvoit de difficulté dans cette matiere : ou à faire écouter plus patiemment les idées, quelque étranges qu'elles soient, qu'on peut proposer.

Ce qui paroît l'avoir le plus embarassé, & l'avoir jetté dans cette comparaison ; ç'a été de ne jamais trouver la semence du Cerf dans la matrice de la Biche. Il a conclu delà que

que la ſemence n'y entroit point. Mais étoit-il en droit de le conclure ? les intervales de temps qu'il a mis entre l'accouplement de ces animaux & leur diſſection, n'ont-ils pas été beaucoup plus longs qu'il ne falloit pour que la plus grande partie de la ſemence entrée dans la matrice, eût le temps d'en reſſortir, ou de s'y imbiber.

L'experience de VERHEYEN qui prouve que la ſemence du mâle entre quelquefois dans la matrice, eſt preſqu'une preuve qu'elle y entre toujours, mais qu'elle y demeure rarement en aſſez grande quantité, pour qu'on puiſſe l'y appercevoir.

HARVEY n'auroit pu obſerver qu'une quantité ſenſible de ſemence :

&

& de ce qu'il n'a pas trouvé dans la matrice de ſemence en telle quantité ; il n'eſt pas fondé à aſſurer qu'il n'y en eût aucunes gouttes répanduës ſur une membrane déja toute enduite d'humidité. Quand la plus grande partie de la ſemence reſſortiroit auſſi-tôt de la matrice ; quand même il n'y en entreroit que très-peu, cette liqueur mêlée avec celle que la femelle répand, eſt peut-être beaucoup plus qu'il n'en faut, pour donner l'origine au fœtus.

Je demande donc pardon aux Phyſiciens modernes, ſi je ne puis admettre les ſyſtêmes qu'ils ont ſi ingénieuſement imaginés. Car je ne ſuis pas de ceux qui croïent qu'on avance la Phyſique en s'attachant à un ſyſtême malgré quelque phénomene qui lui eſt évidemment incompatible : & qui ayant remarqué quelqu'endroit d'où ſuit néceſſairement la ruine de l'édifice, achevent cependant de le bâtir, & l'habitent avec autant de ſécurité, que s'il étoit le plus ſolide.

Malgré les prétendus œufs, malgré les petits animaux qu'on obſerve dans la liqueur ſéminale ; je ne ſçai s'il faut abandonner le ſentiment des anciens ſur la maniere dont ſe fait la génération : ſentiment auquel les expériences de HARVEY ſont aſſez conformes. Lorſque nous croyons que les Anciens ne ſont demeurés dans telle ou telle opinion, que parce qu'ils n'avoient pas été auſſi loin que Nous ; nous devrions peut-être plutôt

tôt penſer que c'eſt parce qu'ils avoient été plus loin : & que les expériences que nous n'avons pas encore faites, leur avoient fait ſentir l'impoſſibilité des ſyſtêmes dont nous nous contentons.

Il eſt vrai que lorſqu'on dit que le fœtus eſt formé du mêlange des deux ſemences ; on eſt bien éloigné d'avoir expliqué cette formation. Mais l'obſcurité qui reſte, ne doit pas être imputée à la maniere dont nous raiſonnons. Celui qui veut connoître un objet trop éloigné, quoiqu'il ne le découvre que confuſément, réüſſit mieux que celui qui voit plus diſtinctement des objets qui ne ſont pas celui-là.

Quoique je reſpecte infiniment DESCARTES ; & quoique je croie, comme lui, que le fœtus eſt formé du mêlange des deux ſemences, je ne puis croire que perſonne ſoit ſatisfait de l'explication qu'il en donne ; ni qu'on puiſſe expliquer par une mécanique claire & intelligible, comment un animal eſt formé du mêlange de deux liqueurs. Mais quoique la maniere dont ce prodige ſe fait, demeure cachée pour nous, je ne l'en crois pas moins certain.

CHAPITRE XXI.

Conjectures ſur la formation du fœtus.

DAns cette obſcurité ſur la maniere dont le fœtus eſt formé du mêlange de deux liqueurs : nous trouvons des faits qui ſont peut-être plus comparables à celui-là, que ce qui ſe paſſe dans le cerveau. Lorſque l'on mêle de l'argent & de l'eſprit de nître avec du mercure & de l'eau, les parties de ces matieres viennent d'elles-mêmes s'arranger pour former une végétation ſi ſemblable à un arbre, qu'on n'a pu lui en refuſer le nom *.

* Arbre de Diane.

Depuis

Depuis la découverte de cette admirable végétation, l'on en a trouvé plusieurs autres : l'une dont le fer est la baze, imite si bien un arbre, qu'on y voit non-seulement un tronc, des branches & des racines, mais jusqu'à des feuilles & des fruits *. Quel miracle, si une telle végétation se formoit hors de la portée de notre vuë ! La seule habitude diminuë le merveilleux de la plûpart des phénomenes de la nature **. On croit que l'esprit les comprend, lorsque les yeux y sont accoûtumés. Mais pour le Philo-

* *Voyez* Mém. de l'Acad. Royale des Scienc. ann. 1706. pag. 415.

** *Quid non in miraculo est, cùm primum in notitiam venit?*
C. Plin. Nat. hist. Lib. VII. Cap. 1.

sophe,

ſophe, la difficulté reſte. Et tout ce qu'il doit conclure, c'eſt qu'il y a des faits certains dont il ne ſçauroit connoître les cauſes ; & que ſes ſens ne lui ſont donnés que pour humilier ſon eſprit.

On ne ſçauroit gueres douter qu'on ne trouve encore pluſieurs autres productions pareilles, ſi on les cherche, ou peut-être lorſqu'on les cherchera le moins. Et quoique celles-ci paroiſſent moins organiſées que les corps de la plûpart des animaux, ne pourroient-elles pas dépendre d'une même mécanique & de quelques loix pareilles. Les loix ordinaires du mouvement y ſuffiroient-elles, ou faudroit-il appeller au ſecours des forces nouvelles ?

Ces forces tout incompréhensibles qu'elles sont, semblent avoir pénétré jusques dans l'Académie des Sciences où l'on pese tant les nouvelles opinions avant que de les admettre. Un des plus illustres Membres de cette Compagnie, dont nos sciences regretteront longtemps la perte, un de ceux qui avoit pénétré le plus avant dans les secrets de la nature, avoit senti la difficulté d'en réduire les opérations aux loix communes du mouvement; & avoit été obligé d'avoir recours à des forces qu'il crut qu'on recevroit plus favorablement sous le nom de *Rapports* : mais Rapports qui font que *Toutes les fois que deux substances qui ont quelque disposition à se joindre l'une avec l'autre, se* *se trouvent unies ensemble ; s'il en survient une troisiéme qui ait plus de rapport avec l'une des deux, elle s'y unit en faisant lâcher prise à l'autre* *.

Qu'on admette de telles propriétés ou de tels rapports dans la nature ; & nous ne perdrons pas l'espérance d'expliquer les phénomenes les plus difficiles. Qu'il y ait dans chacune des semences, des parties destinées à former le cœur, la tête, les entrailles, les bras, les jambes, & que ces parties ayent chacune un plus grand rapport d'union avec celle qui pour la formation de l'animal doit être sa voisine, qu'avec toute autre ; le fœtus se formera : & fut-il encore mille fois plus or-

* Mem. de l'Acad. des Scienc. ann. 1718. p. 102.

ganiſé qu'il n'eſt, il ſe formeroit.

On ne doit pas croire qu'il n'y ait dans les deux ſemences, que préciſément les parties qui doivent former un fœtus, ou le nombre de fœtus que la femelle doit porter. Chacun des deux ſexes y en fournit ſans doute, beaucoup plus qu'il n'eſt néceſſaire. Mais les deux parties qui doivent ſe toucher, étant une fois unies, une troiſiéme qui auroit pu faire la même union, ne trouve plus ſa place, & demeure inutile. C'eſt ainſi, c'eſt par ces opérations répetées, que l'enfant eſt formé des parties du pere & de la mere, & porte ſouvent des marques viſibles qu'il participe de l'un & de l'autre.

Si chaque partie eſt unie à celles qui

qui doivent être ſes voiſines, & ne l'eſt qu'à celle-là, l'enfant naît dans ſa perfection. Si quelques parties ſe trouvent trop éloignées, ou d'une forme trop peu convenable; ou trop foibles de rapport d'union, pour s'unir à celles auxquelles elles doivent être unies; il naît *un monſtre par défaut.* Mais s'il arrive que des parties ſuperfluës trouvent encore leur place, & s'uniſſent aux parties dont l'union étoit déja ſuffiſante, voilà *un monſtre par excès.* Les Gemeaux ſont encore plus faciles à expliquer. Les mêmes opérations qui forment un fœtus, peuvent en former pluſieurs.

Il ſemble que l'idée que nous propoſons ſur la formation du fœtus, ſatisferoit mieux qu'aucune autre aux phénomenes de la génération ; à la ressemblance de l'enfant, tant au pere qu'à la mere ; aux animaux mixtes qui naissent de deux espéces différentes ; aux monstres tant par excès que par défaut ; enfin cette idée paroît la seule qui puisse subsister avec les observations de HARVEY.

CHAPITRE XXII.

Conjectures sur l'usage des Animaux spermatiques.

MAis ces petits animaux qu'on découvre au microscope, dans la semence du mâle, que deviendront-ils ? A quel usage la nature les aura-t-elle destinés ? Nous n'imiterons point

point quelques Anatomiſtes qui en ont nié l'exiſtence : il faudroit être trop malhabile à ſe ſervir du microſcope, pour ne les pouvoir appercevoir. Mais nous pouvons très-bien ignorer leur emploi. Ne peuvent-ils pas être de quelqu'uſage pour la production de l'animal, ſans être l'animal même ? Peut-être ne ſervent-ils qu'à mettre les liqueurs prolifiques en mouvement : à rapprocher par-là des parties trop éloignées ; & à faciliter l'union de celles qui doivent ſe joindre, en les faiſant ſe préſenter diverſement les unes aux autres.

J'ai cherché pluſieurs fois avec un excellent microſcope, s'il n'y avoit point des animaux ſemblables dans la liqueur que la femme répand. Je

n'y

n'y en ai point vu. Mais je ne voudrois pas assurer pour céla, qu'il n'y en eût pas. Outre la liqueur que je regarde comme prolifique dans les femmes, qui n'est peut-être qu'en fort petite quantité, & qui peut-être demeure dans la matrice; elles en répandent d'autres sur lesquelles on peut se tromper; & mille circonstances rendront toujours cette expérience douteuse. Mais quand il y auroit des animaux dans la semence de la femme, ils n'y feroient que le même office qu'ils font dans celle de l'homme. Et s'il n'y en a pas, ceux de l'homme suffisent apparemment pour agiter & pour mêler les deux liqueurs.

Que cet usage auquel nous imaginons que les animaux spermatiques

ques pourroient être deſtinés, ne vous étonne point; la nature outre ſes agens principaux pour la production de ſes ouvrages, emploie quelquefois des miniſtres ſubalternes. Dans les Iſles de l'Archipel, on éleve avec grand ſoin, une eſpéce de moucherons qui travaillent à la fécondation des figues. *

CHAPITRE XXIII.

Conclusion de cet Ouvrage: Doutes, & Queſtions.

JE n'eſpere pas que cette ébauche d'explication de la formation du fœtus, plaiſe à tout le monde; & je

* Voyez le Voyage du Levant de Tournefort.

ſuis bien éloigné d'en être ſatisfait moi-même. Quoiqu'il ſemble que tous les jours on s'accoûtume à ces forces de la matiere : quoique de très-grands génies les veuillent introduire à force de Géometrie & d'Algébre. Il ne paroît pas qu'on y ſoit encore parvenu. Ces forces, ces attractions, même déguiſées ſous le nom de *Rapports*, déplairont toujours à la plus grande partie des Phyſiciens.

Je n'ai garde d'entreprendre d'éclaircir de pareilles obſcurités. Mais au lieu de me perdre dans des conjectures hazardées, je demanderois plutôt :

Si cet inſtinct des animaux qui leur fait appercevoir ce qui leur convient ou ce qui leur nuit, & qui leur

leur fait chercher l'un & fuir l'autre, n'appartient pas aux plus petites parties dont l'animal est formé? Si cet instinct quoique dispersé dans les parties des semences, & moins fort dans chacune, qu'il ne l'est dans tout l'animal, ne suffit pas cependant pour faire les unions nécessaires entre ces parties? Puisque nous voyons que dans les animaux tout formés, il fait mouvoir leurs membres. Car quand on diroit que c'est par une méchanique intelligible que ces mouvemens s'exécutent : quand on les auroit tous expliqués par les tensions & les relâchemens que l'affluence, ou l'absence des esprits ou du sang causent aux muscles; il faudroit toujours en revenir au mouvement même des eſprits & du ſang qui obéit à la volonté. Et ſi la volonté n'eſt pas la vraie cauſe de ces mouvemens, mais ſimplement une cauſe occaſionnelle, ne pourroit-on pas penſer que l'inſtinct ſeroit une cauſe ſemblable des mouvemens & des unions des petites parties de la matiere. Ou qu'en vertu de quelqu'harmonie préétablie, ces mouvemens ſeroient toujours d'accord avec les volontés.

Si cet inſtinct, comme l'eſprit d'une République, eſt répandu dans toutes les parties qui doivent former le corps : ou ſi, comme dans un état Monarchique, il n'appartient qu'à quelque partie indiviſible ?

Si dans ce cas, cette partie ne ſeroit pas ce qui conſtituë proprement

ment l'essence de l'animal ? Pendant que les autres ne seroient que des envelopes ou des espéces de vêtemens ?

Si à la mort cette partie ne survivroit pas ? Et si dégagée de toutes les autres, elle ne conserveroit pas inalterablement son essence ; toujours prête à reproduire un animal ; ou pour mieux dire, à reparoître revêtuë d'un nouveau corps ? Après qu'avoir été dissipée dans l'air, ou dans l'eau, cachée dans les feuilles des plantes, ou dans la chair des animaux, elle se retrouveroit dans la semence de l'animal qu'elle devroit reproduire ?

Si cette partie ne pourroit jamais reproduire qu'un animal de la même espéce ? Ou si elle ne pourroit

roit pas reproduire toutes les espèces possibles, par la seule diversité des combinaisons des parties auxquelles elle s'uniroit * ?

* *Non omnis moriar ; multaque pars meï vitabit libitinam.*

Q. Horac. Carm. Lib. III.

www.ingramcontent.com/pod-product-compliance
Ingram Content Group UK Ltd.
Pitfield, Milton Keynes, MK11 3LW, UK
UKHW020608180726
13838UKWH00001B/496

9 782329 449173